U0671235

文通天下
LAND OF WISDOM

突 破 认 知 的 边 界

我越来越喜欢自己了

燕七 著

文化发展出版社

Cultural Development Press

·北京·

图书在版编目（CIP）数据

我越来越喜欢自己了 / 燕七著. —— 北京 ：文化发展出版社，2023.4
ISBN 978-7-5142-3952-2

Ⅰ．①我… Ⅱ．①燕… Ⅲ．①人生哲学－通俗读物
Ⅳ．①B821-49

中国国家版本馆CIP数据核字(2023)第025684号

我越来越喜欢自己了

著　　者：燕七

出 版 人：宋娜
责任编辑：孙豆豆　刘洋　　责任校对：岳智勇　马瑶
责任印制：杨骏　　　　　　封面设计：李果果
出版发行：文化发展出版社（北京市翠微路2号 邮编：100036）
网　　址：www.wenhuafazhan.com
经　　销：全国新华书店
印　　刷：天津鑫旭阳印刷有限公司

开　　本：787mm×1092mm　1/32
字　　数：96千字
印　　张：7.5
版　　次：2023年4月第1版
印　　次：2023年4月第1次印刷

定　　价：49.80元
ＩＳＢＮ：978-7-5142-3952-2

◆ 如有印装质量问题，请电话联系：010-68567015

名字：可乐

偶尔有点丧，大多数时候开朗阳光，积极向上。

名字：奶茶

性格敏感，恐惧社交，遇到问题喜欢逃避。

名字：芋妮

活泼可爱，偶尔傲娇，热爱生活，有时候会为爱情苦恼。

目 录 CONTENTS

```
┌ ┐
 P     和自己内心的小孩
└Part 1┘ 聊聊天
```

003 今天你抑郁了吗?

007 什么样的人更容易抑郁?

012 如何安慰身边有抑郁情绪的人?

016 呵护自己的情绪

021 想太多是病,得治

027 单身主义的快乐宣言

033 保持适当距离,才能相处和谐

039 人类高质量爱情

「P₂ art 2」在灵魂深处 种满鲜花

049　合理表达，别人才更容易接受

054　保持无龄感心态

059　别紧张，顺其自然有力量

065　关注当下，不为没发生的事情担忧

069　有效稳固内核的方法

076　如果事事如意，那就不是人生了

080　社交恐惧有解药吗？

088　为什么拥有一段好的亲密关系很难？

「P₃ art 3」痛苦的解药 是你自己

097　给身边的朋友一个抱抱

104　真正的情绪稳定是用无数次崩溃换来的

109　不活在别人的价值标准里

114　从来套路不长久，唯有真诚得人心

119　内心平静是最大的自由

124　幸运的前提是拥有改变自己的能力

128　自己的执念是痛苦的根源

132　解决了自己的问题，也就解决了其他问题

139　爱情里，心态不妨"佛系"一点

「Part 4」别等好事情送上门才开始幸福

149 "缺爱"的人没有能量爱别人

155 有时候，别人轻易就能影响你的心情

161 着眼当下的幸福，可抵焦虑

167 搞不定？换个思路就豁然开朗

171 解除攀比的封印

177 多和少都不好，恰到好处才是妙

183 美好的爱是爱自己，也爱别人

「Part 5」今天我请客，想请你快乐

191 不想占有的时候，全世界都是你的

196 难的不是事情本身，而是你觉得它很难

202 别着急结果，可能时机未到

207 如何增强爱的能量？

214 总要求别人，痛苦的是自己

219 想要和谐的亲密关系，需要保持这样的心态

225 培养主动快乐的能力

今天你抑郁了吗？

抑郁是一种没经历过的人
没办法感同身受的病。

不知道为什么，
好像没有刚才那么抑郁了……

什么样的人更
容易抑郁？

世界有时很糟糕，
但有时也很美好。

人生事不如意十有八九，每个人都有
自己的不如意。有的人常想"一二"，
有的人被那"八九"折磨得抑郁成疾……

通常来说，坏人是不会抑郁的，
只有善良的人才会。

善良

在善良的人中，
什么样的人更加容易抑郁呢？

① 内心敏感细腻的人

内心敏感细腻的人，容易受人影响，
别人一句无心的话，他会胡思乱想很久。

他刚才那句话是
什么意思啊？
是对我有意见吗？

我到底是哪里
做得不好？
是哪句话说错了吗？

我一定被讨厌了……

② 道德感强、标准高的人

这类人自我要求高，对别人要求也高。
如果别人经常做出超出自己标准的事情，
他就会心生强烈的厌恶感。

吧唧吧唧

吧唧吧唧

太没有礼貌了！
不知道吃饭吧唧嘴
很没有教养吗？

我跟你说，
那个……

老跟我说别人的坏话，
这人肯定不怎么样！

用一切可以让对方感到暖心的言语和行为……

呵护自己的情绪

能让人好起来的，从不是别人的
安慰，而是有自愈的能力。

可被隐藏起来的情绪就像滚雪球，会越滚越大，
最终要么自爆，要么对别人爆发。

所以当有坏情绪的时候，请不要忽略它。

我们来聊聊。

去了解它最真实的需求。

我最近有点不开心，
觉得压力很大。

嗯嗯，你辛苦了，
我带你去散散心。

怎么会呢？
你这么懂事可爱！

嘻嘻！

呵护自己的情绪，不要冷落它，否则它可能
成长为小怪兽，吞噬掉你。它需要被看见，
而不是被藏起来。被呵护的情绪可以很可爱哦。

想太多是病，得治

好好生活，也许日子
过着过着就会有答案。

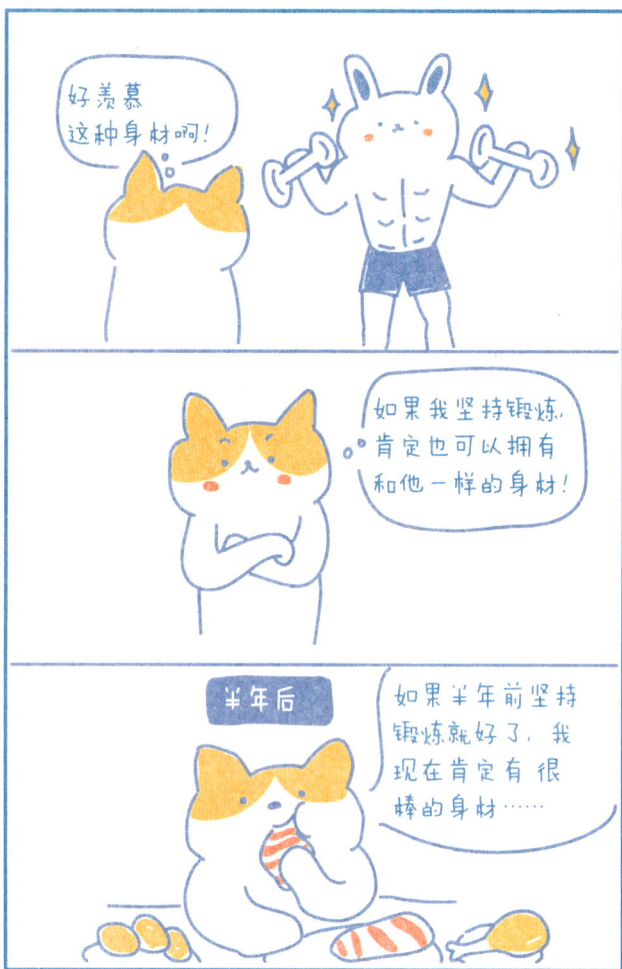

想太多，很多时候是因为得失心太重了，害怕自己会失败。学会放得下，人生其实没有那么复杂……

喜欢谁，就去喜欢。

想成功，就去努力。

想被理解，就去解释。

讨厌的事情,
就说出来.

饿了,就吃饭;
困了,就睡觉.

失败了,就接受.

想太多,除了自我内耗,起不到任何积极
的作用.想做什么,去做就行.

单身主义的
快乐宣言

单身也好，脱单也罢，
无所谓好坏对错，主要开心就好。

虽然有时候也会感到孤独……

但是高质量的单身胜过低质量的恋爱。

爱情是个见仁见智的事情。每个人的际遇不同，爱情经历也会不同。不管是单身还是恋爱结婚，都是每个人的自主选择，都不该被强制，而应该被尊重。

保持适当距离，
才能相处和谐

人就像寒冬里的刺猬，靠得太近会觉得刺痛；
离得太远又会感觉寒冷。

在人际交往中，很多人只知道跟不熟的人保持距离和礼貌，但其实越是熟悉亲密的关系，越是需要注意距离和礼貌，不能打着亲密的旗号去无限制地打扰对方。

自己要有过好日子的能力，这样就不会事事依赖别人。保持适当距离，才能让对方拥有空间和自由，而你也应该有自己的空间和自由。

人类高质量
爱情

爱情的新鲜不是和不同的人做同样的事，
而是和同一个人去做不同的事。

高质量的爱情是两个人互相理解，互相尊重，彼此扶持，一起成长，而不是总想让对方迁就自己，情感绑架对方……

爱情的新鲜不是和不同的人做同样的事，而是和同一个人去做不同的事。

在没有足够了解对方之前，摒弃"只要自己甩对方足够快，自己就不会受伤害"的想法吧。或许你和高质量爱情之间只是差了时间和耐心的距离。

Part 2

在灵魂深处
种满鲜花

合理表达，
别人才更
容易接受

好好说话，合理表达，
是我们一生都需要学习的技能。

你想让男朋友多陪你、关心你，这本身是没有问题的，但是你的表达方式欠妥。

哪里欠妥呢？为什么别人是"会哭的孩子就有糖吃"，而我就不行呢？

任何事情都要一分为二地分析，不要盲目地去相信什么话，同样的一句话，每个人的理解不同，你理解的可能跟这句话的真正含义有很大出入，并且你也不是孩子了，你需要有一个成年人的理性判断哦。

没有人喜欢被强制做什么，
你希望男朋友多关注你，
你就要好好说话，合理表达
你的需求，而不是总哭闹、
发脾气，这样只会把他越推
越远。"己所不欲，勿施于人"，
你只要想一下，如果对方也
用同样的方式来对待你，你是否可
以接受，如果不能，那以后
就要注意你的表达方式！
我们的一生是一个不断成长的过程，
合理表达也是一项需要学习的技能，
以前不会没关系，慢慢学习，我们
终将会成为那个让人喜欢的自己！

保持无龄感
心态

年龄只是个数字，想做什么，
多大年纪都不晚。

可我三十多岁了还是一事无成，不优秀，不成功……

什么是不成功，不优秀？标准是谁定的？除了你自己，没人有资格评定你是否优秀，成功。只要自己开开心心的，这就是一种成功呀！

我现在觉得我只有十八岁！

鲍勃·迪伦的一首歌词里写道："我彼时是那样地苍老，如今我却更年轻了。"

年龄的增长是自然规律，无龄感心态是年轻的秘诀。

想做什么，多大年纪都不晚。保持无龄感，人生还有无限可能！

别紧张，顺其自然
有力量

不要慌，不要慌，太阳下了有月光。

很多事情就是这样，
越是紧张，越容易搞砸；
越是放松，反而能成功。
自己别和自己较劲对抗，
放一放，相信顺其自然的力量。

关注当下，
不为没发生的
事情担忧

关注当下，不奢求结果，
结果往往会让人满意。

周末要不要给自己报个兴趣班啊?可是好像对工作也没什么帮助,而且如果没坚持学下来,岂不是浪费了钱……

孤独的时候也想谈个恋爱。唉,谈恋爱好麻烦,最后可能也会分手。算了,还是单身吧。

等我老了会不会突然就死掉了?或者瘫痪了?想想就好可怕。

为没有发生的事情担忧，不但不会让结果
变得更好，反而会失去做事情的勇气和动力。

不妨放下"功利心"，不要只盯着结果看，
先投入精力，认真去做。即便结果不尽如人意，
那也等到结果出现的时候再想办法，提前担
忧只会折磨自己。

"但行好事，莫问前程。"
关注当下，不祈求结果，
结果往往会让人满意。

有效稳固内核的方法

先爱自己，才有能力去爱别人。

人体免疫力下降的时候，
很容易受到病毒的侵袭。

内核不稳的时候，就容易受到外界的影响，
产生焦虑、沮丧等负面情绪。

提高免疫力，稳固自己的内核非常重要。

以下方法可以有效稳固自己的内核，朋友们不妨操练起来！

一

学会抽离，置身事外。当负面情绪来袭，先把影响自己情绪的人和事情隔离开，就当没有这回事，让自己处在一个舒适自在的状态，等情绪稳定后，再去处理。那个时候再回头看，可能觉得都不是事儿了。

二

降低对别人的期待,
会减少委屈感,
惊喜也就会越多.

三

不要沉迷于刷高密度的网络信息,
听信一些负能量的博主宣言,
而是要专注做自己的事情.

四

爱自己，吃一顿好吃的、听音乐、健身、
读书、旅行……做可以让自己开心的事。

五

找到可以让自己有成就感的
事业、爱好……并付出努力。

六

不要掏空自己，先爱自己，才有能量爱别人。

七

多接触积极向上、正能量的朋友。

如果事事如意，
那就不是人生了

没关系，酸甜苦辣的人生才完整。

如果你能把悲伤和快乐同等看待，你将重新认识人生。

有太阳的地方就会有阴影。

人生有幸福快乐，就会有伤心难过。

任何事情都是有两面性的.
喜欢它的好, 就要接受它的
坏. 这是自然规律的真相.

事事如意是人类的美好愿望,
我们依然可以心存这个愿望.

只要我们明白了真相后能够在内心提前准备,
就不会在悲伤. 不如意来临的时候猝不及防.

懂得遵循自然规律会减少内心的痛苦. 拧巴.

用面对快乐的心面对苦难,
知道它迟早会过去, 也随时会来临.

来吧!
不怕你!

但是, 没有关系,
酸甜苦辣的人生才完整.

常想一二,
不思八九,
事事如意!

社交恐惧有解药吗?

不管怎样，让自己快乐才是最重要的事。

有这样一类人，他们称自己有社交恐惧。

社交恐惧的表现

手机调成静音，不喜欢接电话，消息也经常
已读不回。一旦听到电话响，就十分不安。

之所以对社交有恐惧，主要是因为：

1 内向敏感，不自信，怕出错，怕让别人讨厌，所以干脆不参加社交活动。

2 对于灵魂契合要求比较高，觉得别人不懂自己，久而久之，也不想再去交流，遗世而独立。这种情况其实也可以称为"社交高傲"。

3 1和2的结合，当事人既自卑又自负，既害怕自己不够好，又自负地觉得不屑于与别人为伍。

4 假性合群，自己本身是抗拒社交的，但是为了让自己显得合群，努力让自己成为受欢迎的样子，内心又很抗拒，身心不统一，最终身心俱疲，十分痛苦。自己也就越来越恐惧社交。

如果你享受这种状态，觉得独处更快乐，不想做出改变，那么就没有必要改变。

如果你羡慕别人是社交达人，想让自己开开心心地成为更受欢迎的人，那不妨努力一下。

社交既然躲不开，不妨就加入进来！

首先要放平心态，不要有压力，不要觉得社交是一项艰巨的任务，自己必须让所有人喜欢。要拥有被人讨厌的勇气，明白再完美的人也会有人喜欢，有人不喜欢。

树立自信心，
多肯定自己，
看到自己的优点.

忘记过去让自己
尴尬、难堪等
不愉快的经历，
明白那些已经成为
过去，不能让它们
影响现在.

做好自己，
不过分期待
别人的反馈.

有烦恼的时候，要找人倾诉，不要憋在心里。

多微笑，友善地对待别人。

社交恐惧的解药在每个人自己手里，就看自己愿不愿意去改变。当然，以上是一般情况，如果情况严重到影响正常生活，记得及时去看医生哦！

为什么拥有一段好的亲密关系很难？

让自己成为更好的人，
才能有更好的亲密关系。

一段好的亲密关系，一定是互相滋养的。

这就要求关系里的双方都有独立的人格、
稳定的情绪，会换位思考，具有好好沟通的能力。

而以上这些正是很多人所缺乏的。

可我单身的时候，自己明明很好的，为什么一进入亲密关系反而变差了呢？

很多人觉得自己单身的时候也挺不错的，但是一旦进入亲密关系就会出现各种问题。

因为亲密关系就像一面镜子，人们在亲密关系里会不断映射出各自的缺点。

比如一个人不善于表达，那么在亲密关系中就会希望对方会表达，能理解自己的想法，如果对方也和自己一样，那么他就会很不舒服。

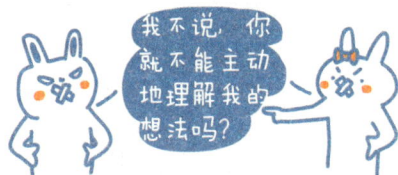

> 我不说，你就不能主动地理解我的想法吗？

再比如一个没有规划的人，如果对方也是个没有规划的人，自己可能就觉得对方不靠谱，而忘记了自己也是这样的人。

> 我可以没有，你怎么能也没有呢？

人们对别人不满意的地方，往往也是他们自己所欠缺的。

大家往往都不想承认对方让自己不满意
的行为也是自己所欠缺的地方。

甩锅给对方，比正视自己的问题，
然后去修正，要容易得多。

宽于律己，严以待人，是很多人的行为准则。
但潜意识里的双标，自己根本没察觉到。

想拥有好的亲密关系，不是委屈自己，而是把对方和自己同等看待。你可以轻易原谅自己，也该选择原谅对方。

很多人想在亲密关系里被对方滋养，却没想过自己是否拥有滋养别人的能力。

当亲密关系出现问题时，与其说是不能接受糟糕的对方，不如说是无法面对糟糕的自己。

任何事情都没有捷径，在亲密关系这件事上更是如此。不要指望被谁拯救。

让自己成为更好的人，才能有更好的亲密关系。

建立亲密关系是一场修行，有的人在关系里让自己变得更好，有的人在关系里变得歇斯底里。变得更好还是更坏，应该取决于你自己。

Part 3

痛苦的解药
是你自己

给身边的朋友
一个抱抱

如果你感到温暖，
请给身边人一个拥抱。

如果可以，给身边的朋友
一个抱抱吧！

真正的情绪稳
定是用无数次
崩溃换来的

一个人悄悄崩溃，也一个人悄悄治愈。

有的人说，作为成年人，要情绪稳定。

也有的人说，有情绪就要把情绪发泄出去，否则会憋出病。

其实，这是一个过程，由不稳定到稳定，才能达到真正意义上的情绪自由。

有情绪的时候，当然不可以憋着。在一次次崩溃、发泄之后，要了解自己情绪背后的真正需求。

了解自己的真正需求后，才知道怎样处理情绪，和它好好相处。

很多时候，情绪崩溃是因为对自己不满意，觉得自己无能为力，勇敢地剖析自己的弱点，直到它不再是弱点。

不要在一次次情绪崩溃后，任其发展，放任不管。等下次情绪来临时，你依然措手不及。

如果不在崩溃中学会成长，就会被情绪彻底拿捏。情绪就像个黑洞，会不断吞噬人的理性。

能掌控自己情绪的人，
才能实现真正的情绪自由。

经历了无数次情绪崩溃的时刻，才会换来真正的情绪稳定，那个稳定不是装的，不是憋的，而是内心真正散发出来的。

情绪稳定，并不代表再也不会有情绪，而是当再有情绪的时候，自己知道如何内观、自省，然后处理得当。

强大的人已经在崩溃中慢慢吸取经验教训，悄悄地自愈了……

不活在别人的价值标准里

我不要你们觉得，我要我觉得。

从来套路不长久，
唯有真诚得人心

你播种什么，就会收获什么。

真是“自古深情留不住，只有套路得人心”啊。
我觉得这话有失偏颇。
很多时候，人们所认为的自己的深情，很有可能是强说深情而不自知。
把自己的占有欲、控制欲，冠以爱的名义。过于重视自己的感受，忽略了对方的感受。
你到底想怎样？
你到底想怎样？

当一个人把所有的希望寄托在另外一个人身上的时候，这不是深情，而是一种托付心态。

放弃了独立自主的意识，一旦没有得到自己所期望的回报，就会感到天崩地裂，不仅自己觉得委屈，对方可能也很委屈。

不是每一段感情都会有结果。当一段感情结束后，应该理性客观地思考，对方和自己的不足在哪里。

从这段感情里你学到了什么，以后该如何进步，成为更好的自己，而不是去责怪自己深情错付。

当人人都在学习套路，不再真诚的时候，那么人人就会自危。

既然人人都希望别人真诚地对待自己，那自己也应该真诚地对待别人。

内心平静是
最大的自由

世界本安静，人却太嘈杂。

等我有钱了，财富自由了，我就彻底自由了！

等孩子长大了，我就自由了！

事实上，很多人有钱以后还想拥有更多的钱。据资料统计，越是发达国家，生活越优越，抑郁、焦虑等越高发。

在快节奏的时代，人们想得到世俗意义上
的成功，这是产生抑郁、焦虑的主要原因。

很多父母，等到孩子长大后，依然忍不住
想操控孩子的一切，如果不能如愿，就会
心生痛苦。

可见，向外求的东西，不会带来最终的自由，
有时候反而是一副枷锁。

只有向内求，让内心平静、喜悦、满足……
才能感到自由。

内心平静，不是心如死灰，而是一种能量。

《大学》里说："静而后能安，安而后能虑，
虑而后能得。"意思是镇静不躁才能够心安理得，
心安理得才能够思虑周详，思虑周详才能够有
所收获。

很多时候，人们的各种苦恼是因为自己的智慧不够，所以很容易受到外界的影响，产生负面情绪。

心静则智慧生，有了智慧的思考、判断，想做的事情往往会很顺利，水到渠成。

幸运的前提是拥有
改变自己的能力

命运自己掌握，幸运自己追求。

明代袁了凡小的时候遇到一位算命先生为他算命，
算命先生把他一生中的官运、财运、命中无子、
哪年死等都说得一清二楚……

后来他几十年的经历与算命先生说的完全符合，
他也就相信了"生死荣辱，皆有定数"，觉得
一切只能听天由命。

有一次，他去山里拜访云谷禅师，说起小时候算
命的事。云谷禅师告诉他："只要你从现在开始改
正过失、修行自身、行善积德，定会改变你的命
运。"

听了云谷禅师的话，了凡先生开始忏悔改过，积累功德善缘，果然以后的命运与算命先生所说的开始不一样了。

他到了算命先生说的该死的年龄不但没死，反而当了官。算命先生说他命中无子，他后来却有了两个儿子。

从此，了凡先生坚信没有命中注定，命运掌握在自己手里，并把自己的生平著成《了凡四训》，给后人留下了宝贵的启示。

播下什么种子，就有什么样的收成。
你怎么编写命运，它就怎么运行。

改变思维和认知，不断自省修正，拥有
改变自己的能力，也就拥有了幸运密码。

命运自己掌握，幸运自己追求。

痛苦的根源是自己的执念

只有你放下了过去，
一切才能重新开始。

人们之所以痛苦，是因为执着于错误的东西。

人们的执念是执着于自己的缺点，贪婪、欲望、自大、自满、自卑……

事情一旦没有按照自己所想的样子发展，得不到，又放不下，人们就会心生痛苦，不得自在。

那些我们所认为的别人带给自己的伤害，
其实是因为执念，自己伤害自己。

明白事事无常，发生即合理，没有什么事
和人必须符合自己的标准。不在执念中
迷失心性。

放下执念，智慧则生。
有大智慧，才能大自在。

解决了自己的问题，也就解决了其他问题

人生的使命就是把生命照看好，
把灵魂安顿好。

当一个人有烦躁、不自信、沮丧、缺乏信念、
对自己不满意等负面能量的时候……

当一个人充满负面能量的时候，就容易把自己放在一个受害者的位置上，觉得自己过得不好都是别人造成的，却看不到自己的问题。

而当一个人充满积极向上、笃定、自信等
正面能量的时候……

对不起，
对不起，
不小心
踩你脚
了……

没关系。

你昨天写的
策划案有些
问题，再写
一份给我。

好嘞。

先解决自己的问题,
别的问题也就不是问题。

爱情里，心态不妨『佛系』一点

很多事情，越是紧张越会搞砸，
爱情也一样。

很多人一遇到爱情，就会不知所措，越想得到对方的青睐，反而越会弄巧成拙。

这是因为你太紧张了，太想得到对方了。

在这种精神状态下，你不但没展现出自己真正的魅力，而且还减了分……

即便两人进入了恋爱关系，也会发生很多状况，觉得相处很累。

怎么还没回我消息？

他最近没主动找我……

节日他没有送我礼物……

你会越来越紧张这段关系，
越来越想通过对方的在意，
来证明自己是被爱的。

直到彻底迷失在爱情里，失去自我。

很多事情，越是紧张越会搞砸，爱情也一样。

爱情是件美好的事情，心态越是轻松愉悦，
越能享受它带来的美好。

当你像完成任务一样，想要搞定对方，
每天都在想怎样让对方更爱你的时候，
你已经被自己那看不见的功利心给控制了。

心情之所以不能放松，是因为你把太多的精力
用来关注对方了，而忘记了关注自己。

放轻松，不要想拿捏、掌控任何人，
我们能把握的只有自己。

面对爱情，不妨让心态"佛系"一点，
让自己做自己，也允许对方做对方。

当你心态变好、
变轻松的时候，
心情往往会有意
想不到的收获！

Part 4

别等好事情送上门
才开始幸福

『缺爱』的人没
有能量爱别人

幸运的人一生都被童年治愈,
不幸的人一生都在治愈童年。

很多人说，缺爱的人给一点点甜就能满足。

而事实往往是，缺爱的人内心像沙漠，
你倒上一杯水，很快就干涸了。

那一点点甜只能维持很短的时间。

他们需要源源不断的爱来填满自己内心的空洞。

如果对方无法持续供应爱，缺爱的人会感到恐慌，陷入自己"果然不值得被爱"的负面想法中。

要么拼命索取，要么拼命逃避。

自己没有的东西，是无法给予别人的。

不具备爱的能量，自然给不了别人爱，也无法好好地爱自己。

缺爱的人往往有着很深的受害者思维，"缺爱"也是他们给自己下的定义。

很多时候，看不到自己已经拥有的，
对于别人的好意经常视而不见。

经常觉得别人给的不是自己真正想要的，
自己想要的又不知道如何去拥有。
即便拥有了又怕不长久，别扭又矛盾。

最后只好用缺爱来掩饰自己内心的匮乏。

真实客观地认识自己，慢慢培养爱自己、
爱别人的能力，成为有正能量的人。

那些被缺爱的人折磨过的人，也
请给他们多一点时间和包容。

索取爱的人往往得不到爱，
创造爱的人身边充满爱。

有时候，别人轻易就能影响你的心情

专注自身，不受外因影响，才能做自己心情的主人。

有时候，人们轻易就把主宰
自己心情的权利交给了别人。
专注自身，不受外因影响，
才能做自己心情的主人呀。

着眼当下的幸福，
可抵焦虑

人生不要太犹豫，我只要当下的幸福。

焦虑

唉，什么时候能有几百万元的存款啊？恐怕这辈子都赚不到这么多钱……

幸福

发工资了，好开心，可以去吃好吃的了！

当一个人的能力匹配不上雄心，沉迷于遥不可及的欲望时，他就容易产生焦虑。

那些珍贵的、当下的幸福，往往就被忽略了。

执着于追求自己没有得到的，看不见已经拥有的，焦虑自然赖着你不肯走。

当你心无旁骛，只顾着享受每一个当下可以得到的幸福时，那些焦虑就会被忽视掉，自然消散不见了。

搞不定？换个思路

就豁然开朗

打破固有思维，才会事半功倍.

解除攀比的封印

攀比心理究其根本是人的欲望在作祟。

你看兔兔多优秀啊，你要多跟他学习。

很多人是不是都遭遇过上面这种情况？从童年开始，就被迫攀比……

小时候，最不喜欢家长拿自己和别人家的孩子做比较……

哼，那么喜欢别人家的小孩，那你们去当他的家长好了……

可随着年龄的增长，好像心里
不自觉地也有了攀比之心。

唉，同学又换
新房·新车了·
我不能输！

那个包包
是大品牌，
好贵的，我
好想要啊！

我要过得比别人幸福!

"别人有的我也要有"成为很多人的座右铭.

当攀比成了常态,大家早已忘记问问自己的内心真正需要的是什么.

小时候那个不喜欢被家长拿来
和别人家的孩子做比较的自己,
最终成了小时候讨厌的样子.

攀比心理究其根本是人的欲望在作祟.

老子曾说:"少则得,多则惑." 人们欲望越多,
追求越多,就越不幸福.欲望少,人生反而幸福.

减少欲望. 不攀比, 不是不努力, 而是努力不是为了超越别人, 而是为了超越自己. 生活是自己的, 不是拿来跟别人比较的.

自己知道什么是该要的, 什么是不该要的, 就不会迷失在攀比的欲望里.

想要成为一个幸福的人, 需要自己去解除那道封印!

攀比

多和少都不好，
恰到好处才是妙

你不用多好，我喜欢就好；
我没有很好，你不嫌弃就好。

人们喜欢贪多，往往认为越多越好。

古语云："水满则溢，月满则亏。"任何事情
如果太多太满，就要开始走下坡路了。

一个人如果过于自信，那就很容易变得自负。

如果过于爱一个人，就很有可能把爱变成了控制，让对方觉得压力太大。

如果过于执着于一个目标，就有可能为了达到目标而不择手段。

可见，很多事情都是过犹不及。

难不成是越少越好吗?

当然不是, 太多和太少, 都是极端.

任何事情, 如果只是极端地看到多或者少, 爱或者不爱, 就不能全面地看清事物的原貌.

取中才是上策, 把握好度, 不偏不倚. 折中调和的中庸处世之道, 充满了智慧.

美好的爱是
爱自己，也
爱别人

爱自己和爱别人，
不是二选一，你可以两样都要。

爱自己是终身浪漫的开始.

爱别人会让自己更加自信. 闪闪发光.

爱自己和爱别人并不冲突, 两者反而是相辅相成的.

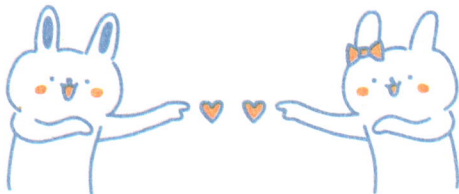

先学会爱自己才懂得如何爱别人.

因为只有懂得真正爱自己的人，才会尊重
自己的感受，也才会尊重别人的感受.

懂得爱自己的人知道如何合理表达自己的需求，同
时也会站在对方的立场上想问题，满足对方的需求.

很多人把自爱和自私混淆了，对方做的事情如果不符合自己所想，就会无限放大别人的动机。

同样的事情放在自己身上，会轻易地被原谅；放在对方身上，就无法接受。

你怎么这样……

不双标，才能理性客观地看待自己和别人，减少偏激的想法。

很多人打着爱的旗号，实则想控制别人，如果无法控制，就会心生怨恨，甚至觉得委屈，认定自己是受害者。

"己所不欲，勿施于人。"认清自己内在的匮乏，自我反省，不推卸自己的责任。

真正爱自己的人，懂得经常内观自省，看到自己的不足，这种内省不是让自己自责自卑，而是一种进步，让自己变得更好，更加自信。

爱别人，正是一个人积极、能量强大的体现，在良好互动中，又会产生更大的能量，让自己更加喜欢自己。

从容淡定、不卑不亢、不迷失、不强求，这是爱自己，也是爱别人最好的心态。

爱自己和爱别人，不是二选一，美好的你可以两样都要。

不想占有的时候，
全世界都是你的

你越想要占有，越容易被束缚。

生活中，人们有各种东西想要得到和占有。

叔本华说：人的欲望得不到满足就痛苦，得到了就无聊。人生就是在痛苦和无聊中摇摆。

既然我们看到了痛苦和无聊的本质，那怎样才能避免痛苦和无聊呢？

我想应该是净化我们的心灵，去创造，而不是去占有。

万物可以为我们所用，但不归我们所有。

人们只是在这个世界短暂地停留而已，那些拼命想牢牢抓住的执念不过是徒增烦恼。

当我们想用手牢牢抓住某样东西的时候，
就会失去得越快。

当我们不再想要独享、独占的时候，会
发现一切豁然开朗。

把胸怀打开，不想占有的时候，全世界
都是你的。

难的不是事情本身，
而是你觉得它很难

去做事就好了，做一点就有一点的欢喜。

尝试，有可能会失败；不尝试，就不会失败了。

如果甘心保持现状也就罢了。

只是经常会觉得，为什么不挑战一下自己呢？

一想到自己这么没用，就会自责难过。

万事开头难，但只要开始，
就会发现其实也没那么难。

难的是在"要不要去做这件事情"
的思考中消耗了精力。

把左思右想要不要去做的时间花在行动上,
会简单得多.

外界嘈杂的声音, 会让人心生杂念, 杂念就会
影响自己做事的专注力.

而懒惰·怕失败会影响人前行的动力和信心.

如果一件事做或不做，都能保持悠然自得的心态，当然很好，怕的是在做或不做之间犹豫不决。

当我们想去做一件事情的时候，先不要急着给它下"难"或者"不难"的定义。

去做事就好了！不要怕结果不尽如人意，做一点就有一点的欢喜。

别着急结果，
可能时机未到

如果只盯着结果，就会忽略过程中的快乐。

一锅好汤需要慢慢地熬制才有营养。

庄稼是在春天播种，秋天才会有收获。

深厚的感情，经过时间的考验才弥足珍贵。

可见，这世间很多事情都急不得，
心急吃不了热豆腐。

在这个快节奏的时代，人们习惯快，吃快餐，
谈快餐式的恋爱，连学习都要速成……

而"慢"就意味着浪费时间。如果一件事
眼下是"无利可图"的，那么就不会去做。

大家只盯着结果，无暇顾及过程中的收获和快乐。

有多少人信誓旦旦地要去做一件事，结果坚持没几天就放弃了。

有多少人羡慕古人"从前车马很慢，书信很远，一生只够爱一个人"的爱情，自己却无法容忍爱人的"慢"……

很多事情不是立马就能有结果的，要知道
播种和收获不在一个季节，中间的时间我们
称之为坚持。

我们只管努力，耐心地去做，其余的交给时间。

到达终点的路上，风景也很美丽。

如何增强
爱的能量？

我们永远无法给予别人
连我们自己都没有的东西。

觉得自己不被爱，也没有能量爱别人，很多时候，是因为思维局限导致的。

那该怎么做呢？

仔细想一下，你真的没人爱吗？还是对自己已经拥有的视而不见？

所以，觉得不被爱，很有可能是假象，是因为自己对爱的感受力太弱了。

很多人觉得对方要事事合自己的心意才能证明自己是被爱的。

可是，有时候自己都不可能让自己满意，甚至还经常讨厌自己，更何况别人呢？

怕付出爱，是因为怕自己受到伤害。为什么怕受伤害？是因为怕得不到自己想要的回应。

所以我们要先放下对别人的高期待。

放下高期待后，我们再去感受身边的美好。

阳光、空气、花、草、大自然……对人们一视同仁，给予人们生存空间，我们应心存感激。

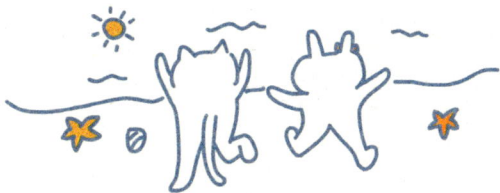

工作、感情、生活……虽然不是事事尽如人意，可这就是人生。

内心长存感激，多关注自己所拥有的，就会成为擅长感受爱的人。

感到自己身边充满爱和善意，自己是被爱的。

这时候，我们的内心会平和、友善，肯定自己、爱自己。

一个爱自己的人，才有能力去爱别人。

在能量满满的情况下去爱别人，不会因为对方没有满足自己的想象而失望受伤。

总要求别人，
痛苦的是自己

很多人不快乐的原因，
是因为总是对别人期待过高。

气死我了！
讨厌的人
怎么那么
多……

如果别人的观念、行为不符合你的标准，
你是尊重其不同，还是会心生怨气呢？

很多事情没有绝对的对和错，不同的人
有不同的看法这很正常。

如果一个人总是和别人较劲，那么自己会变得很痛苦。

遇到和自己标准不一致的人，可以选择尊重或者远离。

把时间用来和对方纠缠，会损耗自己的能量。

其实，陌生人，不熟悉的人，不符合自己的标准倒也无所谓，但如果是亲密的人，就容易接受不了。

对于很多人来说，越是亲密的人，越想要求对方能让自己满意。

其实越亲密，越需要互相尊重，求同存异。

如果只盯着对方让自己不满意的地方,
就会看不到对方的优点.

把要求别人的时间用在提升自己身上,
受益的是自己, 反之痛苦的就是自己.

约束好自己的言行, 让自己符合自己的标准.
别人的言行是别人该约束的事情.

想要和谐的亲密关系，需要保持这样的心态

允许关系有平淡期，
允许一切发生。

有的人一旦进入亲密关系，就开始沉浸在
自己的幻想中。

这种幻想，会把对方不当"人"看。

而是把对方当成超人、神……当成自己想象
中那个完美的人。

这种想象会让自己对对方有过高的期待。

一旦对方没有让自己满意，
就会心生失望，甚至恐惧害怕。

害怕对方是因为不够爱自己，
所以才不能满足自己的期望。

然而真相往往是，这才是对方本来的样子，他不
是超人，也不是神，只是个有缺点的普通人。

和谐的亲密关系是接纳彼此的优缺点，
而不是活在完美的想象里。

从一开始，就该有这样的心态，那就是
把对方当作普通人。

这样就不会在一开始对对方抱有过多
不切实际的幻想。

就不会在相处中，一旦对方有所懈怠，
就怀疑对方的爱，进而怀疑自己。

一段亲密关系不会一直是高浓度的，
有高低起伏才是常态。

允许关系有平淡期，浪漫期才会再度出现。

平淡期的时候，好好地过自己的生活，
提升自己，不要惶恐不安。

平淡和浪漫是相辅相成的，如同主食和水果，
都吃才能营养均衡啊！

培养主动快
乐的能力

一件事是好是坏，往往在你一念之间。

唉，最近都没有特别的事发生，一点都快乐不起来。

通常来说，当我们感到被爱、被认可或工作顺利、得到奖励等时，会很快乐。

但是你有没有发现，外界带来的快乐好像只能持续那么一小会儿。

当外界不再提供这种快乐源泉的时候，
好像就再也快乐不起来了。

依赖外界带来的好事才能快乐，不是长久之计。

只有拥有了主动快乐的能力，
才能把任何事情都变成好事。

有很多人不管处在什么阶段，好像都快乐不起来。

单身的人觉得恋爱了就会快乐，可恋爱结婚了依然不快乐；没工作的时候不快乐，有工作了也不快乐……

生活中很多事情是我们无法掌控的，但是我们可以掌控自己看待事情的态度。

一件事情是好还是坏，往往取决于自己的心态。

不管自己处在人生的哪个阶段，
都该发挥自己的快乐能动性。

拥有主动快乐的能力，才能应对一切
突如其来的事情。

快乐只有靠自己来定义。

这样才能使我们不受糟糕的掌控，做快乐的主人。

让我们的心不轻易受外界的影响，
肯定自己，爱自己，保持快乐。